BEI GRIN MACHT SICH IHR WISSEN BEZAHLT

Christin Zabelt

Symmetriegruppen der 1-Faktorisierungen vollständiger Graphen

GRIN Verlag

Bibliografische Information der Deutschen Nationalbibliothek:

Die Deutsche Bibliothek verzeichnet diese Publikation in der Deutschen National-
bibliografie; detaillierte bibliografische Daten sind im Internet über http://dnb.d-
nb.de/ abrufbar.

Impressum:

Copyright © 2014 GRIN Verlag GmbH
Druck und Bindung: Books on Demand GmbH, Norderstedt Germany
ISBN: 978-3-656-84750-2

Dieses Buch bei GRIN:

http://www.grin.com/de/e-book/283093/symmetriegruppen-der-1-faktorisierungen-
vollstaendiger-graphen

GRIN - Your knowledge has value

Der GRIN Verlag publiziert seit 1998 wissenschaftliche Arbeiten von Studenten, Hochschullehrern und anderen Akademikern als eBook und gedrucktes Buch. Die Verlagswebsite www.grin.com ist die ideale Plattform zur Veröffentlichung von Hausarbeiten, Abschlussarbeiten, wissenschaftlichen Aufsätzen, Dissertationen und Fachbüchern.

Besuchen Sie uns im Internet:

http://www.grin.com/

http://www.facebook.com/grincom

http://www.twitter.com/grin_com

Technische Universität Dresden • Fachrichtung Mathematik

Symmetriegruppen der 1-Faktorisierungen vollständiger Graphen

Bachelorarbeit

zur Erlangung des ersten Hochschulgrades

Bachelor of Science (B.Sc.)

vorgelegt von

CHRISTIN ZABELT

Tag der Einreichung: 20. 06. 2014

Kurzfassung

Zyklische Gruppen der Ordnung n bilden genau dann Automorphismengruppen auf einer 1-Faktorisierung des vollständigen Graphen K_n, wenn $n \neq 2^t$ für $t \geq 3$. Im Falle $n = 2^t$ mit $t \geq 3$ wird bewiesen, dass es keine zyklische 1-Faktorisierung von K_n gibt, für die anderen Fälle wird die Aussage durch Konstruktion der 1-Faktoren bewiesen. Eine analoge Aussage für abelsche Gruppen ist möglich, wird aber nicht vollständig bewiesen.

Inhaltsverzeichnis

1 Einleitung

Aufgabe der Graphentheorie als Teilgebiet der diskreten Mathematik ist die Modellierung netzartiger Strukturen in Natur und Technik (vgl. z.B. [Tit11]). Sie beschäftigt sich mit der Struktur und Eigenschaften von Graphen und insbesondere auch mit algorithmischen Problemen, so zum Beispiel mit dem Finden kürzester Wege und anderen Optimierungsaufgaben.

Für einige dieser Aufgaben spielen Zerlegungen von Graphen eine Rolle, so z.b. bei Matching-Problemen oder beim Finden von Hamilton-Kreisen (vgl. Diestel [R.D06]).

Zahlreiche mathematische Schriften beschäftigen sich seit einigen Jahrzehnten mit bestimmten Zerlegungen, sogenannten 1-Faktorisierungen. Dabei liegt das Augenmerk oft auf sehr spezifischen Fragestellungen bezüglich der Existenz von Automorphismengruppen auf 1-Faktorisierungen.

In dieser Arbeit wollen wir uns vor allem der Fragestellung widmen, welche zyklischen Gruppen Automorphismengruppen auf 1-Faktorisierungen vollständiger Graphen sind. Wir orientieren uns dabei an einer Arbeit von Hartman und Rosa [HR85], welche als Grundlage für zahlreiche weitere Arbeiten dient. Der dort angeführte Beweis soll hier detailliert nachvollzogen werden.

Dazu werden wir zunächst einige wichtige Grundlagen der Graphentheorie kennenlernen und wesentliche Begriffe einführen. Im Speziellen soll es dabei auch um eine bestimmte Art von Graphen, die sogenannten Cayley-Graphen, gehen, die für die Konstruktion der 1-Faktorisierungen ein anschauliches Hilfsmittel sein werden.

Wir werden Faktorisierungen von Graphen kennenlernen, um uns anschließend in Kapitel 3 speziell den zyklische Faktorisierungen vollständiger Graphen zuzuwenden. Dieses Kapitel wird im Kern der Arbeit von Hartman und Rosa [HR85] folgen und den dort geführten Beweis in allen Details wiedergeben.

Wir wollen uns anschließend überlegen, inwiefern die Erkenntnisse auf abelsche Gruppen übertragbar sind. Dazu betrachten wir im 4. Kapitel allerdings lediglich einen Spezialfall und verweisen für allgemeine Aussagen auf die Literatur, da die entsprechenden Überlegungen den Rahmen dieser Arbeit übersteigen.

2 Einführung in die Graphentheorie

In diesem Kapitel soll ein Überblick über die Grundlagen der Graphentheorie gegeben werden. Es werden die wichtigsten Begriffe definiert, die im weiteren Verlauf eine Rolle spielen werden. Im Speziellen soll es dabei um Cayley-Graphen gehen. Wir orientieren uns bei der Definition grundlegender Begriffe an der Literatur zum Thema, vgl. bspw. [R.D06], [GR01] oder [Bol98].

2.1 Grundlagen und Definitionen

Definition 2.1. *Ein* Graph *ist ein Paar* $G = (V, E)$ *bestehend aus einer endlichen, nichtleeren Menge V und einer Menge $E \subseteq \binom{V}{2} = \{\{u, v\} \mid u, v \in V, u \neq v\}$. Die Elemente der Menge V werden als* Knoten *(oder* Ecken*) bezeichnet, Elemente von E nennen wir* Kanten.

Ein Knoten $v \in V$ inzidiert *mit einer Kante $e \in E$, wenn $v \in e$ gilt, v und e heißen dann* inzident. *Zwei Knoten $v_1, v_2 \in V$ heißen* adjazent, *wenn es eine Kante $e \in E$ gibt mit $v_1 \in e$ und $v_2 \in e$.*

Für die Kante $\{v_1, v_2\}$ schreiben wir, sofern die Eindeutigkeit der Notation es zulässt, im Folgenden kurz auch $v_1 v_2$ bzw. $v_2 v_1$. Dementsprechend sind zwei Knoten $v_1, v_2 \in V$ adjazent, wenn $v_1 v_2 \in E$ gilt.

Zur besseren Veranschaulichung werden wir in den folgenden Beispielen Graphen jeweils in Form sogenannter Graphendiagramme darstellen.

Beispiel 2.2. Diagramm eines Graphen (V, E) mit $V = \{1, 2, 3, 4, 5, 6, 7\}$ und $E = \{12, 14, 24, 27, 36\}$

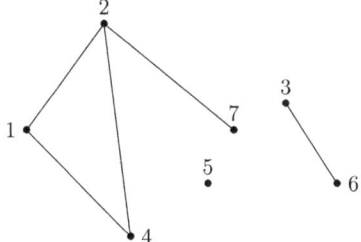

Abbildung 1: Beispiel Graph

Definition 2.3. *Sei $G = (V, E)$ ein Graph. Der* Grad $d_G(v)$ *eines Knotens $v \in V$ ist die Anzahl der mit diesem Knoten inzidenten Kanten:*

$$d_G(v) = |\{w \in V \mid vw \in E\}|.$$

Definition 2.4. *Als* regulär *bezeichnen wir einen Graphen $G = (V, E)$, wenn jeder Knoten $v \in V$ den gleichen Grad hat. Insbesondere wird G als* k-regulär *bezeichnet, wenn $d_G(v) = k$ für alle $v \in V$ für ein $k \in \mathbb{N}$.*

Beispiel 2.5. Diagramm eines 3-regulären Graphen $G = (V, E)$ mit $|V| = 6$.

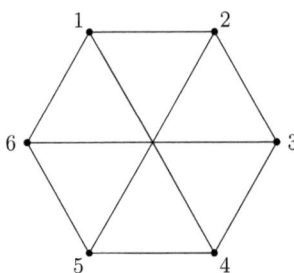

Abbildung 2: 3-regulärer Graph

Definition 2.6. *Ein Graph $G = (V, E)$ heißt* vollständig, *wenn je zwei Knoten aus V adjazent sind.*

Für $|V| = n$ gilt dann $|E| = \binom{n}{2}$ und wir schreiben $G = (V, E) = K_n$. Sofern nicht anders angegeben, gilt im Folgenden $V = Z_n = \{0, 1, ..., n-1\}$.

Beispiel 2.7. Diagramm des vollständigen Graphen K_5. Dieser Graph hat $\binom{5}{2} = 10$ Kanten.

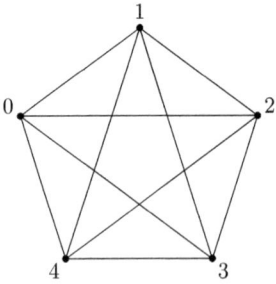

Abbildung 3: Vollständiger Graph K_5

Definition 2.8. *Ein Graph $G' = (V', E')$ heißt* Teilgraph *von $G = (V, E)$, wenn $V' \subseteq V$ und $E' \subseteq E$ gilt.*

Wir schreiben dann auch $G' \subseteq G$.

Beispiel 2.9. Diagramm eines Graphen $G = (V, E)$ mit $V = \{1, 2, 3, 4, 5\}$ und $E = \{12, 15, 23, 24, 34\}$ sowie eines Teilgraphen $G' = (V', E') \subseteq G$ mit $V' = \{1, 2, 3, 4\} \subseteq V$ und $E' = \{12, 23, 24\} \subseteq E$

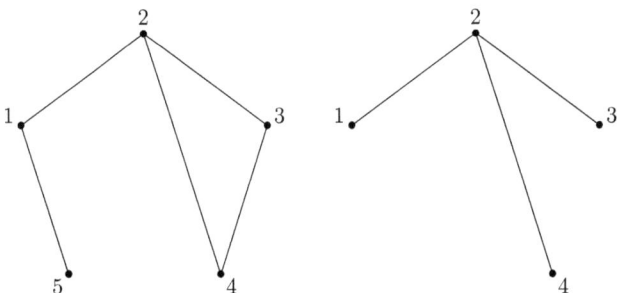

Abbildung 4: Graph G und Teilgraph $G' \subseteq G$

Definition 2.10. *Zwei Graphen $G_1 = (V_1, E_1)$ und $G_2 = (V_2, E_2)$ heißen* isomorph, *wenn es eine bijektive Abbildung $\varphi : V_1 \to V_2$ gibt, so dass für alle $v, w \in V_1$ gilt:*

$$\{v, w\} \in E_1 \Leftrightarrow \{\varphi(v), \varphi(w)\} \in E_2.$$

φ heißt Isomorphismus. *Im Spezialfall $G_1 = G_2$ sprechen wir von einem* Automorphismus.

Bemerkung: Da wir nur endliche Knotenmengen V_1, V_2 betrachten, genügt die Implikation

$$\{v, w\} \in E_1 \Rightarrow \{\varphi(v), \varphi(w)\} \in E_2 \text{ für alle } v, w \in V_1$$

als Bedingungen für die Isomorphie der Graphen G_1 und G_2.

Sind zwei Graphen G_1, G_2 isomorph zueinander, so schreiben wir $G_1 \simeq G_2$.

Beispiel 2.11. Diagramme zweier isomorpher Graphen G_1 und G_2.

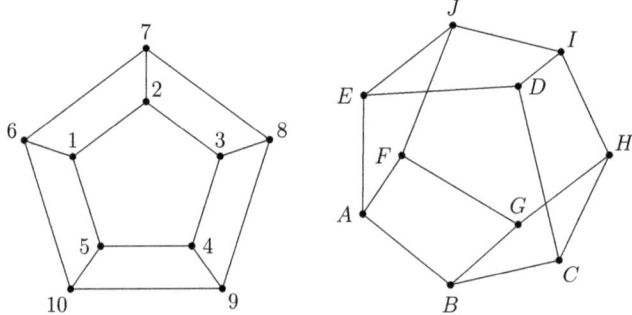

Abbildung 5: Isomorphe Graphen

Bisher haben wir nur Graphen mit ungerichteten Kanten u, v betrachtet. Obwohl dies für die Betrachtung von 1-Faktorisierungen völlig ausreichend ist, werden wir zu deren Konstruktion auf das Prinzip der Cayley-Graphen (vgl. Kapitel 2.2) zurückgreifen, so dass wir uns auch mit Graphen beschäftigen werden, deren Kanten eine Richtung haben.

Definition 2.12. *Ein* gerichteter Graph $G = (V, E)$ *ist ein Paar bestehend aus einer endlichen, nichtleeren Menge V und einer Menge $E \subseteq V \times V$, dessen Kantenmenge aus geordneten Paaren von Elementen aus V besteht, wir schreiben dann $(u, v) \in E$.*

Die Kanten (u, v) gerichteter Graphen können als Pfeile mit Anfang u und Ende v interpretiert werden.

Beispiel 2.13. Diagramm eines gerichteten Graphen mit Knotenmenge $V = \{1, 2, 3, 4, 5\}$ und $E = \{(1, 2), (1, 4), (2, 3), (2, 4), (4, 1), (5, 4)\}$.

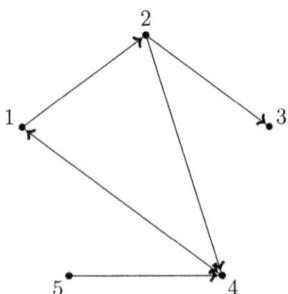

Abbildung 6: Gerichteter Graph

2.2 Cayley-Graphen

Wie bereits im vorigen Abschnitt erwähnt, werden wir den Begriff des Cayley-Graphen für die Konstruktion von 1-Faktorisierungen vollständiger Graphen verwenden. Dazu zunächst einige kurze Erläuterungen. Die folgende Definition orientiert sich an [Bog02].

Definition 2.14. *Sei G eine Gruppe und Ω ein Erzeugendensystem. Wir bezeichnen mit $Cay(G, \Omega) = (V, E)$ den* Cayley-Graphen *von G unter Ω, wobei $V = G$ und $E = \{(g, g\omega) \mid g \in G, \omega \in \Omega\}$.*

Wir interpretieren den Cayley-Graphen als *gefärbten Graphen*, d.h. wir ordnen jedem $\omega \in \Omega$ eine Farbe $col(\omega)$ zu. Für alle $g \in G$ und $\omega \in \Omega$ wird dann die gerichtete Kante $(g, g\omega)$ mit der Farbe $col(\omega)$ versehen.

Beispiel 2.15. Der Cayley-Graph $Cay(Z_5, \{1\})$ hat Knotenmenge Z_5 und Kantenmenge $\{(0, 1), (1, 2), (2, 3), (3, 4), (4, 0)\}$.

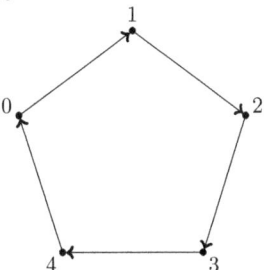

Abbildung 7: CayleyGraph $Cay(Z_5, \{1\})$

Beispiel 2.16. Der Cayley-Graph $Cay(Z_5, \{1, 3\})$ hat Knotenmenge Z_5. Die Kanten werden in zwei verschiedenen Farben dargestellt, in der Grafik sind Kanten $(g, \omega g)$ $(g \in Z_5)$ für $\omega = 1$ rot und für $\omega = 3$ blau dargestellt.

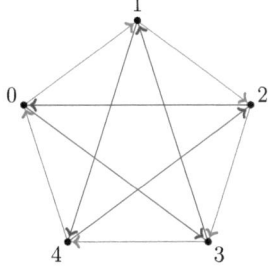

Abbildung 8: Cayley-Graph $Cay(Z_5, \{1, 3\})$

2.3 Faktorisierungen

Definition 2.17. *Als* k-Faktor *eines Graphen* $G = (V, E)$ *bezeichnen wir einen k-regulären Teilgraphen von G, der alle Knoten aus V enthält.*

In dieser Arbeit soll es im Speziellen um 1-Faktoren gehen, dies sind also aufspannende (d.h. alle Knoten aus V enthaltende) Teilgraphen, in denen jeder Knoten mit genau einer Kante inzidiert bzw. in denen jeder Knoten mit genau einem weiteren adjazent ist. Wir werden uns bei der Angabe von 1-Faktoren jeweils auf die Menge der Kanten beschränken.

Beispiel 2.18. Die Mengen $\{01, 23, 45\}$ und $\{03, 15, 24\}$ sind 1-Faktoren des vollständigen Graphen $K_6 = (V, E)$ mit $V = \{0, 1, 2, 3, 4, 5\}$ und $E = \binom{V}{2}$.

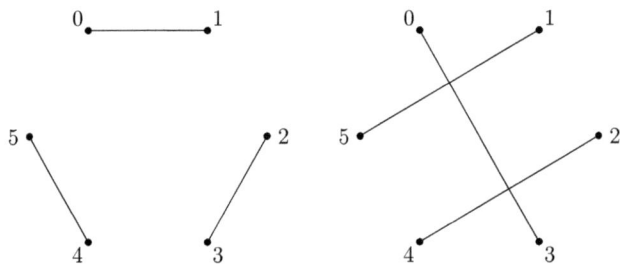

Abbildung 9: Zwei mögliche 1-Faktoren von K_6

Definition 2.19. *Eine* Zerlegung *(auch:* Partition*) einer Menge A ist eine Menge* $\mathcal{A} = \{A_1, ..., A_k\}$ *disjunkter, nichtleerer Teilmengen* $A_i \subseteq A$ *mit* $\bigcup_{i=1}^{k} A_i = A$.

1-Faktoren stellen nach dieser Definition eine Zerlegung der Knotenmenge V in 2-elementige Teilmengen dar.

Da jeder zusammenhängende Teilgraph von K_n, in dem also je zwei Knoten durch eine Folge von Kanten verbunden werden können, eines 1-Faktors genau 2 Knoten besitzt, gehören zu jedem 1-Faktor $\frac{n}{2}$ solcher Teilgraphen, wobei $n = |V|$ gerade vorausgesetzt wird. Für die Zerlegung des Graphen K_n in 1-Faktoren benötigen wir daher

$$\frac{\binom{n}{2}}{\frac{n}{2}} = \frac{2}{n} \binom{n}{2} = \frac{2}{n} \frac{n!}{(n-2)! \cdot 2}$$
$$= \frac{(n-1)!}{(n-2)!}$$
$$= n - 1$$

1-Faktoren.

Definition 2.20. *Sei* $n \in \mathbb{N}$. *Eine 1-Faktorisierung des vollständigen Graphen* K_n *ist eine Zerlegung der Kantenmenge* E *in* $n-1$ *1-Faktoren.*

Wir schreiben $\{F_i\}_{i \in \{1,\dots,n-1\}}$ für die Menge der 1-Faktoren.

Offensichtlich muss die Anzahl der Knoten des vollständigen Graphen K_n gerade sein, damit eine 1-Faktorisierung existiert. Wir werden daher im weiteren Verlauf stets davon ausgehen, dass n gerade ist.

Beispiel 2.21. Wir betrachten den vollständigen Graphen K_4 mit

$$V = \{0, 1, 2, 3\}$$
$$E = \{01, 02, 03, 12, 13, 23\}$$

Dieser Graph besitzt (genau) eine 1-Faktorisierung $\{F_i\}$ mit:

$$F_1 = \{01, 23\}$$
$$F_2 = \{02, 13\}$$
$$F_3 = \{03, 12\}$$

Die 1-Faktorisierung lässt sich als Färbung der Kanten interpretieren:

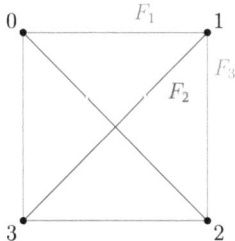

Abbildung 10: Kantenfärbung der 1-Faktorisierung von K_4

Wir betrachten nun Permutationen $\pi : V \to V$ auf der Knotenmenge eines Graphen $G = (V, E)$. Offensichtlich können diese Permutationen ebenfalls als Automorphismen auf der Kantenmenge E angesehen werden: Für $\{v_1, v_2\} \in E$ betrachten wir zunächst

$$\tilde{\pi} : E \to E, \ \tilde{\pi}(\{v_1 v_2\}) = \{\pi(v_1), \pi(v_2)\}.$$

$\tilde{\pi}$ ist eine Bijektion, denn es gilt

$$\tilde{\pi}(\{u_1, u_2\}) = \tilde{\pi}(\{v_1, v_2\}) \implies \{u_1, u_2\} = \{v_1, v_2\}$$

für alle $\{u_1, u_2\}, \{v_1, v_2\} \in E$. Wir identifizieren daher $\tilde{\pi}$ und π.

Analog finden wir eine Bijektion auf der Menge der 1-Faktoren. Wir werden im Folgenden jeweils nur von Permutationen sprechen und meinen damit Permutationen auf einer dieser Mengen.

Beispiel 2.22. Sei $V = Z_6$ und $\pi : V \to V$ (bzw. $\pi : E \to E$, $\pi : \{F_i\} \to \{F_i\}$) gegeben durch $\pi = (0123)(45)$. Dann gilt z.B.

$$\pi(1) = 2 \text{ und } \pi(5) = 4$$
$$\pi(12) = 23 \text{ und } \pi(34) = 05$$
$$\pi(\{01, 23, 45\}) = \{12, 03, 45\}$$

Definition 2.23. *Wir betrachten einen Graphen $G = (V, E)$ mit einer 1-Faktorisierung $\{F_i\}$. Eine Permutation der Knotenmenge V, welche 1-Faktoren auf 1-Faktoren derselben 1-Faktorisierung $\{F_i\}$ abbildet, heißt* Automorphismus *auf dieser 1-Faktorisierung.*

Die Menge aller Automorphismen auf einer 1-Faktorisierung bilden mit der Komposition eine Gruppe, die wir als Automorphismengruppe der 1-Faktorisierung bezeichnen.

Beispiel 2.24. Wir betrachten den Graphen K_6 mit der 1-Faktorisierung $\{F_i\}_{i \in \{1,...,5\}}$ mit

$$F_1 = \{01, 23, 45\}$$
$$F_2 = \{02, 14, 35\}$$
$$F_3 = \{03, 15, 24\}$$
$$F_4 = \{04, 13, 25\}$$
$$F_5 = \{05, 12, 34\}$$

Die in Beispiel 2.22 gegebene Permutation π ist kein Automorphismus auf $\{F_i\}_{i \in \{1,...,5\}}$, da $\pi(F_1) = \{12, 03, 45\} \neq F_i$ ($i \in \{1, 2, 3, 4, 5\}$) .

$\pi = (21354)$ ist ein Automorphismus auf ebendieser 1-Faktorisierung, denn es gilt

$$\pi(F_1) = \{03, 15, 24\} = F_3$$
$$\pi(F_2) = \{01, 23, 45\} = F_1$$
$$\pi(F_3) = \{05, 34, 12\} = F_5$$
$$\pi(F_4) = \{02, 35, 14\} = F_2$$
$$\pi(F_5) = \{04, 13, 25\} = F_4$$

Definition 2.25. *Sei $n \in \mathbb{N}$. Eine 1-Faktorisierung des vollständigen Graphen K_n heißt zyklisch, wenn es auf ihr einen zyklischen Automorphismus, d.h. eine Permutation der Länge n, gibt.*

Beispiel 2.26. Wir betrachten erneut K_6. $\pi = (012345)$ ist ein zyklischer Automorphismus auf der in Beispiel 2.24 genannten 1-Faktorisierung, denn es gilt

$$\pi(F_1) = \{12, 34, 05\} = F_5$$
$$\pi(F_2) = \{13, 25, 04\} = F_4$$
$$\pi(F_3) = \{14, 02, 35\} = F_2$$
$$\pi(F_4) = \{15, 24, 03\} = F_3$$
$$\pi(F_5) = \{01, 23, 45\} = F_1$$

Damit ist $\{F_i\}_{i \in \{1,\ldots,n-1\}}$ zyklisch. In der Abbildung ist zuerkennen, dass π einer Drehung des Graphendiagramms entspricht.

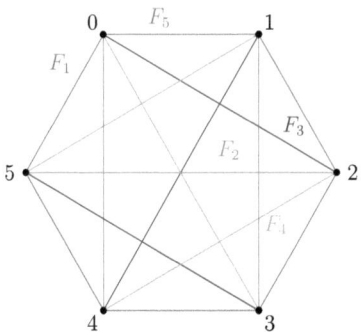

Abbildung 11: Zyklische Faktorisierung von K_6

3 Zyklische 1-Faktorisierungen vollständiger Graphen

Wir wollen uns nun der Frage zuwenden, für welches n der vollständige Graph K_n eine zyklische 1-Faktorisierung besitzt, d.h. wir suchen für K_n eine 1-Faktorisierung mit einem zyklischen Automorphismus. Allgemeiner formuliert wollen wir untersuchen, welche Gruppen Automorphismengruppen auf einer 1-Faktorisierung des vollständigen Graphen K_n sind und betrachten dazu zunächst zyklische Gruppen. Im Wesentlichen folgen wir in diesem Kapitel der Arbeit von Hartman und Rosa [HR85]. Wir setzen dabei immer voraus, dass n gerade ist, da dies eine notwendige Bedinung für die Existenz von 1-Faktoren von K_n ist (vgl. Kapitel 2.3).

Sei $(G, +)$ eine (endliche) zyklische Gruppe der Ordnung n, die durch g erzeugt wird:

$$G = \langle g \rangle = \{g^k \mid k \in Z_n\}$$

Wir wissen, dass $(G, +) \simeq (Z_n, +)$ und betrachten im Folgenden den Automorphismus

$$g : Z_n \to Z_n, \quad x \mapsto x + 1 \pmod{n}.$$

Dies ist ein zyklischer Automorphismus der Länge n. Wir sagen, der Automorphismus g *wirkt auf einen Knoten v (eine Kante $\{a, b\}$, einen 1-Faktor F_i)*, und meinen wie schon in Kapitel 2.3

$$v \mapsto g(v) = v + 1 \pmod{n},$$
$$\{a, b\} \mapsto g(\{a, b\}) = \{a + 1 \pmod{n}, b + 1 \pmod{n}\},$$
$$F_i \mapsto g(F_i) = \{g(\{a, b\}) \mid \{a, b\} \in F_i\}.$$

Wir betrachten den vollständigen Graphen K_n und stellen fest, dass dieser als Cayley-Graph $Cay(Z_n, \Omega)$ aufgefasst werden kann, wobei $\Omega = Z_n \setminus \{0\}$. Jedem Element von Z_n wird also ein Knoten zugeordnet und für alle $v \in Z_n$ und $\omega \in \Omega$ wird die gerichtete Kante $(v, v\omega)$ mit einer Farbe $col(\omega)$ versehen.

Beispiel 3.1. Der Graph K_6 kann als Cayley-Graph $Cay(Z_6, \{1, 2, 3, 4, 5\})$ aufgefasst werden:

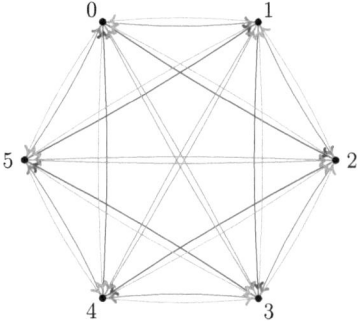

Abbildung 12: $K_6 \simeq Cay(Z_6, \{1, 2, 3, 4, 5\})$

Im Graphen K_n spielt die Richtung der Kanten keine Rolle. Im Beispiel wird bereits deutlich, dass daher für die Darstellung von K_n die gerichteten Kanten zweier Farben jeweils zu einer Menge ungerichteter Kanten zusammengefasst werden können, nämlich gerade die Kanten mit $col(\omega)$ und $col(-\omega)$ ($\omega \in \Omega$). Im Beispiel entspricht das den Kanten, die durch 1 und 5 bzw. durch 2 und 4 erzeugt werden:

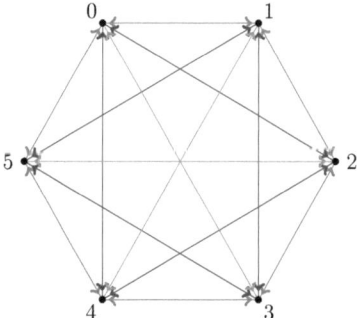

Abbildung 13: $K_6 \simeq Cay(Z_6, \{1, 2, 3, 4, 5\})$ mit „zusammengefassten" Kanten

Definition 3.2. *Sei* $(G, +)$ *eine Permutationsgruppe auf einer endlichen Menge X.*

$$Orb(x) := \{g(x) \mid g \in G\}$$

heißt Bahn *von x (unter G) für $x \in X$.*

Die Mächtigkeit einer Bahn bezeichnen wir auch als Länge der Bahn.

Mit dieser Definition können wir sagen: Zwei Kanten (a, b) und (c, d) eines Graphen $Cay(Z_n, \Omega)$ liegen genau dann in derselben Bahn unter der Permutationsgruppe $\langle g \rangle$ ($g \in G$), wenn es ein $\omega \in \Omega$ gibt, so dass aus $b - a = \omega$ folgt, das $d - c \in \{\omega, -\omega\}$. Jedes $\omega \in \Omega$ bildet auf diese Weise eine Bahn, wobei verschiedene ω disjunkte Bahnen bilden. Offensichtlich lässt sich die Kantenmenge von K_n in genau $\frac{n}{2}$ Bahnen zerlegen, da aus $\omega > \frac{n}{2}$ folgt, dass $-\omega = n - \omega < \frac{n}{2}$.

Somit können wir die Bahnen der Kanten von K_n schreiben als

$$E_\omega = \{(a, b) \mid b - a = \omega \vee b - a = -\omega\}, \quad \left(1 \leq \omega \leq \frac{n}{2}\right)$$

und bezeichnen diese Bahnen im Folgenden als gerade (bzw. ungerade), wenn ω gerade (bzw. ungerade) ist.

Wir stellen fest, dass

$$|E_\omega| = \begin{cases} n & \text{für } \omega < \frac{n}{2} \\ \frac{n}{2} & \text{für } \omega = \frac{n}{2} \end{cases}$$

Beweis. 1. Fall: $0 < \omega < \frac{n}{2}$

Für jedes $a \in Z_n$ gibt es genau zwei $b_1, b_2 \in Z_n$, so dass die Kante (a, b) in E_ω liegt, nämlich $b_1 = a + \omega$ und $b_2 = a - \omega$, wobei $b_1 \neq b_2$ wegen $\omega \neq \frac{n}{2}$. Da Z_n genau n Elemente enthält, gibt es $2n$ (gerichtete) Kanten in E_ω, da wir aber (a, b) und (b, a) identifizieren, enthält E_ω genau n Kanten.

2. Fall: $\omega = \frac{n}{2}$

Da $\frac{n}{2} = -\frac{n}{2}$ (mod n), existiert zu jedem $a \in Z_n$ genau ein $b \in Z_n$, so dass die Kante (a, b) in E_ω liegt, nämlich $b = a + \omega = a + \frac{n}{2}$. Mit der gleichen Argumentation wie im 1. Fall folgt die Aussage. $\square$

Die Bahn $E_{\frac{n}{2}}$ ist in jedem Fall ein 1- Faktor des Graphen K_n, denn

$$E_{\frac{n}{2}} = \left\{ \{a, b\} \mid b - a = \frac{n}{2} \vee b - a = -\frac{n}{2} \right\}$$

und für jedes $a \in Z_n$ gibt es genau ein $b \in Z_n$, so dass $b - a = \frac{n}{2} = -\frac{n}{2}$ (mod n), d.h.

$$\bigcup_{\{a,b\} \in E_{\frac{n}{2}}} \{a, b\} = V$$

Desweiteren wissen wir bereits, dass $|E_{\frac{n}{2}}| = \frac{n}{2}$.

Da $E_{\frac{n}{2}}$ die Bahn einer Kante $\{a, b\}$ unter Z_n ist, bleibt dieser 1-Faktor unter dem zyklischen Automorphismus

$$g : Z_n \to Z_n, \quad x \mapsto g(x) = x + 1 \pmod n$$

invariant.

Für die ungeraden Bahnen E_{2i+1} (wobei $2i + 1 \neq \frac{n}{2}$, d.h. $0 \leq i < \frac{n}{4} - \frac{1}{2}$) gilt, dass jede Kante einen geraden und einen ungeraden Knoten enthält. Wir zerlegen E_{2i+1} daher disjunkt folgendermaßen in zwei Bahnen:

Wir betrachten die Kanten $\{0, 2i + 1\}$ und $\{1, 2i + 2\}$ sowie deren Bahnen unter $\langle g^2 \rangle$ mit

$$g^2 : Z_n \to Z_n, \quad x \mapsto x + 2 \pmod n$$

und erhalten

$$F_1 = \left\{ \{2k, 2k + 2i + 1\} \mid 0 \leq k < \frac{n}{2} \right\}$$
$$F_2 = \left\{ \{2k + 1, 2k + 2i + 2\} \mid 0 \leq k < \frac{n}{2} \right\}$$

Beide Bahnen sind 1-Faktoren, denn für $0 \leq k < \frac{n}{2}$ durchläuft $2k$ alle geraden Zahlen in V und dementsprechend durchläuft $2k + 2i + 1$ alle ungeraden Zahlen in V. Gleiches gilt für $2k + 1$ (ungerade) und $2k + 2i + 2$ (gerade). Also gilt

$$\bigcup_{\{a,b\} \in F_1} \{a, b\} - V - \bigcup_{\{a,b\} \in F_2} \{a, b\}$$

und wir wissen, dass wegen $|E_{2i+1}| = n$ beide Bahnen je $\frac{n}{2}$ Kanten enthalten. Jeder Automorphismus

$$g^j : Z_n \to Z_n, \quad x \mapsto x + j \pmod n$$

mit geradem $j \in Z_n$ lässt beide 1-Faktoren unverändert, während ein ungerades j Kanten aus F_1 auf Kanten aus F_2 abbildet und umgekehrt.

Die geraden Bahnen E_{2i} (wobei wiederum $2i \neq \frac{n}{2}$, d.h. $1 \leq i < \frac{n}{4}$) lassen sich nicht ohne Weiteres in derartige 1-Faktoren zerlegen, welche als Teil einer zyklischen Faktorisierung dienen.

Beispiel 3.3. Wir betrachten wie schon in Kapitel 2.26 den vollständigen Graphen K_6 mit dem zyklischen Automorphismus $\pi = (012345)$. Die Bahnen der Kanten sind

$$E_1 = \{01, 12, 23, 34, 45, 50\}$$
$$E_2 = \{02, 13, 24, 35, 40, 51\}$$
$$E_3 = \{03, 14, 25\}$$

E_3 ist ein 1-Faktor und für alle Kanten $\{a, b\} \in E_3$ gilt $\pi(\{a, b\}) \in E_3$, d.h. $\pi(E_3) = E_3$. E_1 lässt sich zerlegen in $E_1 = F_1 \cup F_2$ mit

$$F_1 = \{01, 23, 45\}$$
$$F_2 = \{12, 34, 50\},$$

wobei F_1 und F_2 1-Faktoren sind. Es gilt $\pi(F_1) = F_2$ und $\pi(F_2) = F_1$.

Die Wirkung von π auf den Graphen entspricht im Bild einer Drehung im Uhrzeigersinn. Es ist leicht zu erkennen, dass dabei die drei 1-Faktoren erhalten bleiben.

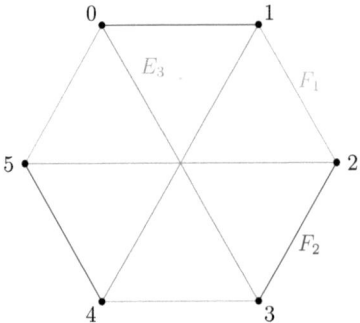

Abbildung 14: Bahnen $E_1 = F_1 \cup F_2$ und E_3 des Graphen K_6

E_2 lässt sich nicht so in zwei 1-Faktoren zerlegen, dass diese unter π unverändert bleiben.

Es bleibt daher zu untersuchen, wie sich die geraden Bahnen E_{2i} gemeinsam mit $E_{\frac{n}{2}}$ und/oder einigen der ungeraden Bahnen E_{2i+1} in 1-Faktoren zerlegen lassen, welche unter der Wirkung von g unverändert bleiben. Hartman und Rosa [HR85] unterscheiden dabei drei Fälle, die wir uns im Folgenden erarbeiten wollen.

3.1 Struktur zyklischer 1-Faktorisierungen

Wir betrachten wie schon im vorigen Kapitel eine (endliche) zyklische Gruppe $(G, +)$ der Ordnung n und g wie zuvor.

Lemma 3.4. *Sei* $\{F_i\}_{i \in \{1, ..., n-1\}}$ *eine zyklische 1-Faktorisierung von* K_n. *Gemäß der Definition zyklischer Faktorisierungen unterteilt* $g \in G$ *die 1-Faktoren in Bahnen. Die Zahl der 1-Faktoren in derselben Bahn teilt* n.

Beweis. Da die 1-Faktorisierung zyklisch ist, gilt $g^n(F_i) = F_i$ ($i \in \{1, ..., n-1\}$). Sei m die Anzahl der 1-Faktoren in einer Bahn, wobei offensichtlich $m < n$, dann gilt außerdem

$$g^m(F_i) = F_i \text{ und}$$
$$g^2(F_i) \neq F_i, ..., g^{m-1}(F_i) \neq F_i,$$

d.h. es gilt $g^k(F_i) = F_i$ genau dann, wenn $k = jm$ für ein $j \in \mathbb{N}$, also ist $n = jm$ für ein $j \in \mathbb{N}$. □

Offensichtlich besteht jede Bahn von 1-Faktoren aus einer Vereinigung von Bahnen von Kanten.

Lemma 3.5. *Enthält die Bahn eines 1-Faktors genau ein Element, so handelt es sich um* $E_{\frac{n}{2}}$. *Enthält die Bahn eines 1-Faktors genau zwei Elemente, so handelt es sich um die 1-Faktoren* F_1 *und* F_2, *die eine Zerlegung einer ungeraden Bahn von Kanten* E_{2i+1}, *wie am Anfang dieses Kapitels angegeben, darstellen.*

Beweis. Die Bahn eines 1-Faktors F enthalte genau ein Element, d.h. $g(F) = F$. Wie wir in Kapitel 3 gesehen haben, bleibt genau ein 1-Faktor unter der Wirkung von g unverändert, nämlich $E_{\frac{n}{2}}$.
Enthält die Bahn eines 1-Faktors F genau zwei Elemente, sagen wir F_1 und F_2, d.h. $g(F_1) = F_2$ und $g^2(F_1) = F_1$, so haben wir ebenfalls eher in diesem Kapitel gesehen, dass dies gerade für die Zerlegung der ungeraden Bahn E_{2i+1} gilt. □

Lemma 3.6. *Enthält die Bahn eines 1-Faktors eine gerade Anzahl von Elementen, so ist* $E_{\frac{n}{2}}$ *nicht in der Bahn enthalten.*

Beweis. Die Bahn eines 1-Faktors enthalte $2m$ Elemente ($m \in \mathbb{N}$). Da jeder 1-Faktor $\frac{n}{2}$ Kanten enthält, enthält die Bahn dieses 1-Faktors mn Kanten. Wir wissen, dass $|E_\omega| = n$ für alle $\omega < \frac{n}{2}$. $E_{\frac{n}{2}}$ enthält aber $\frac{n}{2}$ Kanten, also ist $E_{\frac{n}{2}}$ nicht in dieser Bahn enthalten. □

Lemma 3.7. *Enthält die Bahn eines 1-Faktors eine gerade Anzahl von Elementen, so enthält sie eine gerade Anzahl gerader Bahnen E_{2i} von Kanten.*

Beweis. Die Bahn eines 1-Faktors enthalte $2m$ Elemente ($m \in \mathbb{N}$). Wir überlegen uns zunächst, wieviele Kanten verschiedener Bahnen in einem 1-Faktor F_i dieser Bahn enthalten sind. Für alle 1-Faktoren F_i gilt $g^{2m}(F_i) = F_i$, also gilt für alle Kanten $\{a, b\}$ in F_i, dass $\{a + 2m, b + 2m\} \in F_i$. Betrachtet man nun alle Kanten modulo $2m$, so müssen diese in verschiedenen Bahnen liegen. Modulo $2m$ gibt es genau $2m$ Knoten, also genau m Kanten. Diese bilden gerade einen 1-Faktor von Z_{2m}. Folglich enthält F_i genau m Kanten verschiedener Bahnen. In jeder dieser Bahnen muss jeder Knoten von K_n genau einmal vorkommen, d.h. es müssen genausoviele gerade Knoten wie ungerade Knoten in den Kanten enthalten sein.

Für alle ungeraden Kanten, d.h. Kanten $\{a, b\}$ mit $b - a$ ungerade, gilt, dass diese einen geraden und einen ungeraden Knoten enthalten. Die Anzahl der geraden und ungeraden Knoten, die in solchen Kanten enthalten sind, ist also gleich. Gerade Kanten ($b - a$ gerade) enthalten jeweils Knoten gleicher Parität. Damit die Anzahl der geraden und der ungeraden Knoten in diesen Kanten ebenfalls gleich ist, muss also die Anzahl der geraden Kanten mit geraden Knoten und die Anzahl gerader Kanten mit ungeraden Knoten übereinstimmen. Folglich ist die Anzahl gerader Kanten in jedem 1-Faktor gerade. $\square$

Satz 3.8. *Der vollständige Graph K_n besitzt für $n = 2^t, t \geq 3$ keine zyklische 1-Faktorisierung.*

Beweis. Die Anzahl der Elemente der Bahn eines 1-Faktors teilt $n = 2^t$, also müssen alle Bahnen von 1-Faktoren eine gerade Anzahl von Elementen beinhalten (oder genau 1 Element, also genau einen 1-Faktor, der unverändert bleibt, nämlich $E_{\frac{n}{2}} = E_{2^{t-1}}$). Nach Lemma 3.6 beinhaltet eine solche gerade Bahn nicht die Bahn $E_{2^{t-1}}$. Desweiteren setzt sich eine solche Bahn von 1-Faktoren nach Lemma 3.7 aus einer geraden Anzahl von geraden Bahnen von Kanten zusammen.

Nun lassen sich für $n = 2^t$ die Kanten des vollständigen Graphen K_n in eine gerade Anzahl von Bahnen E_ω zerlegen, nämlich $n = 2^{t-1}$ Stück. Bei genau der Hälfte aller Bahnen E_ω, also 2^{t-2} Stück (was für $t \geq 3$ wiederum eine gerade Anzahl ist), ist das ω gerade, wobei $\omega = \frac{n}{2}$ eingeschlossen ist. Die Anzahl gerader Bahnen ohne $E_{\frac{n}{2}}$ ist daher $2^{t-2} - 1$, also ungerade.

$\square$

3.2 Konstruktion einer zyklischen 1-Faktorisierung

Wir wissen nun bereits, dass es für den Fall $n = 2^t, t \geq 3$ keine zyklische 1-Faktorisierung des vollständigen Graphen K_n gibt. Wir behaupten, dass es für alle anderen geraden $n \in \mathbb{N}$ eine zyklische 1-Faktorisierung gibt und wollen dies im Folgenden durch Konstruktion beweisen. Dies folgt wieder im Wesentlichen der Idee von Hartman und Rosa [HR85].

In diesem Kapitel sei daher stets n gerade, $n \neq 2^t$ für $t \geq 3$ vorausgesetzt. Wir betrachten außerdem jeweils eine zyklische Permutation der Länge n, diese sei ohne Einschränkung $\pi = (012...n-1)$.

Satz 3.9. *Der vollständige Graph K_n besitzt genau dann eine zyklische 1-Faktorisierung, wenn n gerade ist und $n \neq 2^t, t \geq 3$.*

Wir haben bereits in Satz 3.8 gezeigt, dass $n \neq 2^t, t \geq 3$ eine notwendige Voraussetzung für die Existenz eine 1-Faktorisierung des vollständigen Graphen K_n ist. Dass diese Bedingung hinreichend ist, wird im Folgenden durch die Konstruktion einer 1-Faktorisierung gezeigt. Wir betrachten dabei zunächst wie in Beispiel 2.24 den vollständigen Graphen K_6 mit der Zerlegung

$$F_1 = \{01, 23, 45\}$$
$$F_2 = \{02, 14, 35\}$$
$$F_3 = \{03, 15, 24\}$$
$$F_4 = \{04, 13, 25\}$$
$$F_5 = \{05, 12, 34\}$$

Wir wissen bereits, dass diese Zerlegung zyklisch ist. F_1 und F_5 bilden gemeinsam die Bahn E_1, die Bahn E_3 kommt in dieser Zerlegung nicht als 1-Faktor vor. Wir müssen uns daher genauer anschauen, wie die 1-Faktoren F_2, F_3 und F_4 aus den Bahnen E_2 und E_3 zusammengesetzt sind. Jeder dieser 1-Faktoren enthält eine Kante aus E_3 und zwei Kanten aus E_2.

Im folgenden Graphendiagramm sind die 1-Faktoren F_2 und F_3 dargestellt. Wir sehen im Diagramm von F_3 eine gewisse Symmetrie: Durch Drehung um $180°$, was einer Wirkung von π^3 entspricht, werden die Kanten der Bahn E_2 aufeinander abgebildet, während die Kante von E_3 jeweils unter der Wirkung von π^3 invariant ist. Wir erhalten F_2 und F_4 aus F_3 jeweils durch Drehung, d.h. durch Wirkung von π bzw. π^2.

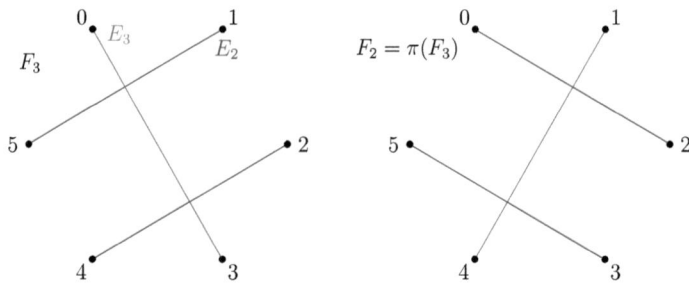

Abbildung 15: Diagramm der 1-Faktoren $F_3 = \{03, 15, 24\}$ und $F_2 = \{02, 14, 35\}$

Die Idee zur Verallgemeinerung ist folgende:

Wir gehen zunächst davon aus, dass $n = 2m$, $m \in \mathbb{N}$ ungerade, und konstruieren einen 1-Faktor F_0 wie folgt:

$$F_0^* = \left\{ \left\{0, m\right\}, \left\{1, n-1\right\}, \left\{2, n-2\right\}, ..., \left\{\frac{m-1}{2}, \frac{3m+1}{2}\right\} \right\}$$
$$F_0 = F_0^* \cup \pi^m(F_0^*)$$

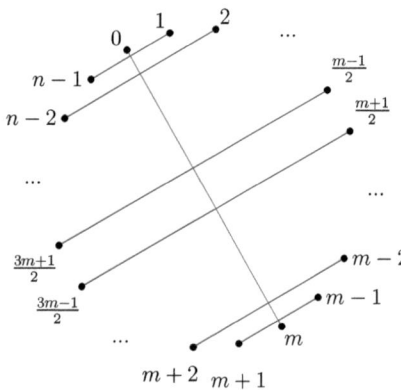

Abbildung 16: Diagramm des 1-Faktors F_0

Man sieht leicht, dass F_0 tatsächlich ein 1-Faktor ist:

$$V = \left\{0, 1, 2, ..., \frac{m-1}{2}, \frac{m+1}{2}, ..., m, ..., \frac{3m-1}{2}, \frac{3m+1}{2}, ..., n-2, n-1\right\}$$

Dieser 1-Faktor bleibt unter π^m unverändert, da die Kante $\{0, m\}$ auf sich selbst abgebildet wird und von den restlichen Kanten jeweils zwei selber Länge aufeinander abgebildet werden. Wir finden m 1-Faktoren, indem wir π auf F_0 anwenden (was im Graphendiagramm jeweils einer Drehung entspricht):

$$F_0$$
$$F_1 := \pi(F_0)$$
$$F_2 := \pi^2(F_0)$$
$$...$$
$$F_{m-1} := \pi^{m-1}(F_0)$$

Diese Menge enthält alle m Kanten der Länge m sowie jeweils $2m$ Kanten der Längen $2, 4, ..., m-1$, , d.h. die Bahn $E_{\frac{n}{2}} = E_m$ und alle geraden Bahnen E_{2i} ($i \in \{1, ..., \frac{m-1}{2}\}$) sind in diesen 1-Faktoren enthalten. Somit haben wir eine Zerlegung der geraden Bahnen E_{2i} gemeinsam mit der Bahn E_m in 1-Faktoren gefunden. Die ungeraden Bahnen liefern wie in Kapitel 3 beschrieben weitere 1-Faktoren.

Diese Idee basiert auf der Symmetrie, die wir im Graphendiagramm gesehen haben. Das führt uns zu einem Problem, sobald n ein Vielfaches von 4 ist. Dann ist die Anzahl der Kanten, die Elemente gerader Bahnen sind (und nicht Element von $E_{\frac{n}{2}}$), ungerade. Betrachten wir wie zuvor den Graphen K_n mit $n = 2m$, lassen nun aber gerade m zu, so können wir die Kanten eines 1-Faktors nicht mehr so wählen, dass jeweils zwei durch Wirkung von π^m aufeinander abgebildet werden. Das ergibt sich aus der Tatsache, dass $E_{\frac{n}{2}} = E_m$ eine gerade Bahn ist. In obiger Konstruktion wäre demzufolge die Kante $\{\frac{m}{2}, \frac{3m}{2}\}$ nicht enthalten. Fügen wir diese zusätzlich hinzu, so gilt aber $\pi^{\frac{m}{2}}(\{0, m\}) = \{\frac{m}{2}, \frac{3m}{2}\}$.

Dieses Problem können wir lösen, indem wir für $n = 4m$, m ungerade, die Knoten $0, m, 2m$ und $3m$ zu Kanten der Bahn $E_{\frac{n}{4}} = E_m$ verbinden. Wir erhalten dann einen 1-Faktor F_0 folgendermaßen:

$$F_0^* = \{\{0, m\}, \{1, n-1\}, \{2, n-2\}, ..., \{m-1, 3m+1\}\}$$
$$F_0 = F_0^* \cup \pi^{2m}(F_0^*)$$

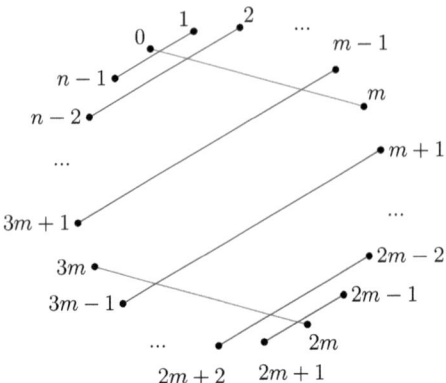

Abbildung 17: Diagramm des 1-Faktors F_0

Man sieht auch in diesem Fall leicht, dass F_0 tatsächlich ein 1-Faktor ist:
$$V = \{0, 1, 2, ..., m-1, m, m+1, ..., 2m-1, 2m, 2m+1, ..., 3m-1, 3m, 3m+1, ... n-2, n-1\}$$
Wir finden $2m$ 1-Faktoren, indem wir π auf F_0 anwenden:

$$F_0$$
$$F_1 := \pi(F_0)$$
$$F_2 := \pi^2(F_0)$$
$$...$$
$$F_{2m-1} := \pi^{2m-1}(F_0)$$

Diese Menge enthält alle geraden Bahnen E_{2i} ($i \in \{1, ..., m-1\}$), da jeder der $2m$ 1-Faktoren jeweils genau 2 Kanten der Längen $2, 4, ..., 2m-2$ enthält, und außerdem die Bahn E_m. Somit haben wir eine Zerlegung der geraden Bahnen E_{2i} ($i \in \{1, ..., m-1\}$) gemeinsam mit der Bahn E_m in 1-Faktoren gefunden. Die Bahn $E_{2m} = E_{\frac{n}{2}}$ bildet selbst einen 1-Faktor. Die ungeraden Bahnen liefern wie in Kapitel 3 beschrieben weitere 1-Faktoren.

Beispiel 3.10. Wir betrachten K_{12} bzw. die zyklische Gruppe $(G, +) \simeq (Z_{12}, +)$, d.h. $n = 12 = 4 \cdot 3$. Die oben beschrieben Konstruktion liefert mit $m = 3$ zunächst

$$F_0^* = \{\{0, 3\}, \{1, 11\}, \{2, 10\}\} \text{ sowie mit } \pi^6(F_0^*) = \{\{6, 9\}, \{5, 7\}, \{4, 8\}\}$$
$$F_0 = \{\{0, 3\}, \{1, 11\}, \{2, 10\}, \{6, 9\}, \{5, 7\}, \{4, 8\}\}.$$

Wir wenden π $2m - 1 = 5$ mal auf F_0 an und erhalten

$$F_1 = \{\{1, 4\}, \{0, 2\}, \{3, 11\}, \{7, 10\}, \{6, 8\}, \{5, 9\}\}$$
$$F_2 = \{\{2, 5\}, \{1, 3\}, \{0, 4\}, \{8, 11\}, \{7, 9\}, \{6, 10\}\}$$
$$F_3 = \{\{3, 6\}, \{2, 4\}, \{1, 5\}, \{0, 9\}, \{8, 10\}, \{7, 11\}\}$$
$$F_4 = \{\{4, 7\}, \{3, 5\}, \{2, 6\}, \{1, 10\}, \{9, 11\}, \{0, 8\}\}$$
$$F_5 = \{\{5, 8\}, \{4, 6\}, \{3, 7\}, \{2, 11\}, \{0, 10\}, \{1, 9\}\}$$

Diese 1-Faktoren beinhalten alle Kanten aus den Bahnen E_2, E_4 und E_3. E_1 und E_5 zerlegen wir wie oben

$$F_7 = \{\{0, 1\}, \{2, 3\}, \{4, 5\}, \{6, 7\}, \{8, 9\}, \{10, 11\}\}$$
$$F_8 = \{\{1, 2\}, \{3, 4\}, \{5, 6\}, \{7, 8\}, \{9, 10\}, \{0, 11\}\}$$
$$F_9 = \{\{0, 5\}, \{2, 7\}, \{4, 9\}, \{6, 11\}, \{1, 8\}, \{3, 10\}\}$$
$$F_{10} = \{\{1, 6\}, \{3, 8\}, \{5, 10\}, \{0, 7\}, \{2, 9\}, \{4, 11\}\}$$

E_6 bildet selbst einen 1-Faktor:

$$F_{11} = \{\{0, 6\}, \{1, 7\}, \{2, 8\}, \{3, 9\}, \{4, 10\}, \{5, 11\}\}$$

Auch diese Konstruktion, die für $n = 4m$, m ungerade, eine zyklische 1-Faktorisierung liefert, lässt sich noch nicht auf den allgemeinen Fall übertragen: Falls wir für m gerade Werte zulassen, so enthält F_0 nach dieser Konstruktion Kanten der Bahn E_m, die durch $\pi^{\frac{m}{2}}$ aufeinander abgebildet werden, während die anderen geraden Kanten durch π^m aufeinander abgebildet werden.

Für den allgemeinen Fall, dass $n = 2^t m$, $t \geq 3, m \geq 3$, m ungerade, konstruieren wir daher den 1-Faktor F_0 wie folgt:

$$F_0^* = \left\{ \left\{0, \frac{n}{2} - 1\right\}, \left\{\frac{n}{4} - 1, \frac{n}{2} - 2\right\}, \left\{1, \frac{n}{2} - 3\right\}, \left\{2, \frac{n}{2} - 4\right\}, ..., \left\{\frac{n}{4} - 2, \frac{n}{4}\right\} \right\}$$

$$F_0 = F_0^* \cup \pi^{\frac{n}{2}}(F_0^*)$$

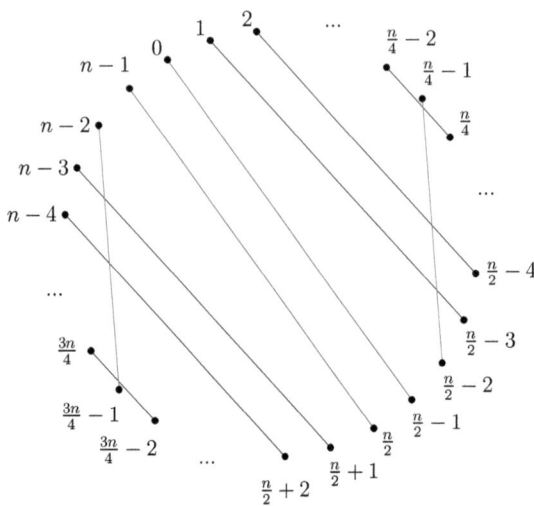

Abbildung 18: Diagramm des 1-Faktors F_0

Wir finden $\frac{n}{2}$ 1-Faktoren, indem wir π auf F_0 anwenden:

$$F_0$$
$$F_1 := \pi(F_0)$$
$$F_2 := \pi^2(F_0)$$
$$...$$
$$F_{\frac{n}{2}-1} := \pi^{\frac{n}{2}-1}(F_0)$$

In diesen 1-Faktoren sind alle Kanten der Längen $2, 4, ..., \frac{n}{2} - 4$ enthalten, also alle geraden Bahnen mit Ausnahme von $E_{\frac{n}{2}}$ und $E_{\frac{n}{2}-2}$. Sie beinhalten außerdem die Bahnen $E_{\frac{n}{2}-1}$ und $E_{\frac{n}{4}-1}$. Wir benötigen daher weitere 1-Faktoren, die die verbleibenden geraden Bahnen beinhalten. In der folgenden Abbildung ist die Konstruktionsidee für einen 1-Faktor G_0 dargestellt, der uns eben diese 1-Faktoren liefern wird:

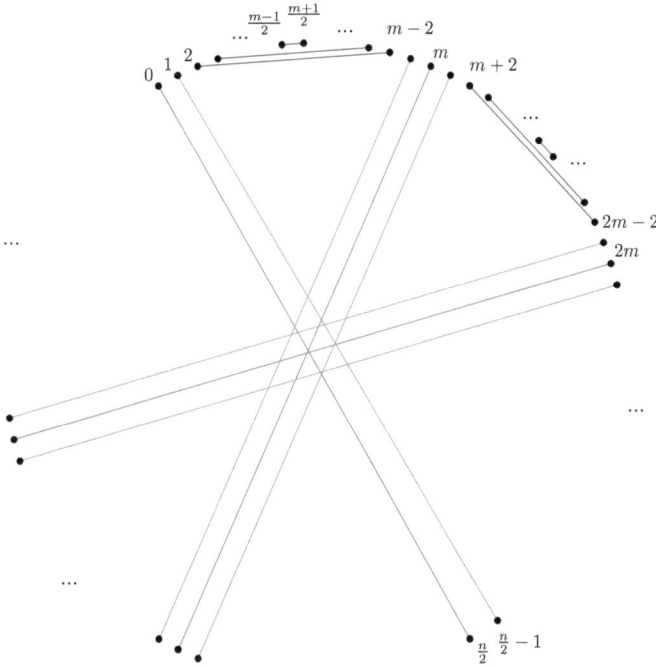

Abbildung 19: Diagramm des 1-Faktors G_0

Dieser 1-Faktor G_0 enthält genau die verbleibenden geraden Bahnen $E_{\frac{n}{2}}$ und $E_{\frac{n}{2}-2}$, alle anderen Kanten haben ungerade Länge von maximal $m-4$, d.h. keine der Kanten in G_0 liegt in den Bahnen $E_{\frac{n}{2}-1}$ oder $E_{\frac{n}{4}-1}$, die bereits in den F_i enthalten waren (denn für $t \geq 3$ und $m \geq 3$ folgt mit $n = 2^t m$, dass $\frac{n}{4} - 1 = 2^{t-2}m - 1 \geq 2m - 1 > m - 4$). Wir finden den 1-Faktor G_0 formal wie folgt:

$$G_0^* = \left\{ \left\{0, \frac{n}{2}\right\}, \left\{1, \frac{n}{2} - 1\right\}, \left\{2, m - 2\right\}, \left\{3, m - 3\right\}, ..., \left\{\frac{m-1}{2}, \frac{m+1}{2}\right\} \right\}$$
$$G_0 = G_0^* \cup \pi^m(G_0^*) \cup \pi^{2m}(G_0^*) \cup ... \cup \pi^{2^t m - 1}(G_0^*)$$

(Für $m = 3$ setzen wir $G_0^* = \{\{0, \frac{n}{2}\}, \{1, \frac{n}{2} - 1\}\}$)

Wir können auch hier π auf G_0 anwenden und finden somit m 1-Faktoren:

$$G_0$$
$$G_1 := \pi(G_0)$$
$$G_2 := \pi^2(G_0)$$
$$...$$
$$G_{m-1} := \pi^{m-1}(G_0)$$

Die verbleibenden ungeraden Bahnen lassen sich wie in den vorigen Fällen in 1-Faktoren zerlegen. Wir haben also für alle geraden n mit $n \neq 2^t, t \geq 3$ eine zyklische 1-Faktorisierung gefunden, damit ist Satz 3.9 bewiesen.

3.3 Fazit

Durch Konstruktion haben wir die Aussage bewiesen, dass es für alle geraden $n \neq 2^t$ für $t \geq 3$ eine zyklische 1-Faktorisierung des vollständigen Graphen K_n gibt. Wir können daraus schließen, dass jede zyklische Gruppe der Ordnung $n \neq 2^t$ mit $t \geq 3$ eine Automorphismengruppe auf einer 1-Faktorisierung des vollständigen Graphen K_n ist.

4 Abelsche Automorphismengruppen auf 1-Faktorisierungen vollständiger Graphen

Wir haben nun gesehen, dass zyklische Gruppen der Ordnung $n = 2^t, t \geq 3$ Automorphismengruppen auf einer 1-Faktorisierung des vollständigen Graphen K_n sind. Man kann diese Annahme auf abelsche Gruppen erweitern. Buratti [Bur01] zeigt, dass auch für endliche abelsche Gruppen $G \simeq Z_n$ mit Ausnahme von $G \simeq Z_n, n = 2^t, t \geq 3$, eine 1-Faktorisierung des vollständigen Graphen K_n existiert, auf der G eine Automorphismengruppe ist. Der Beweis soll hier nicht ausgeführt werden, da er den Umfang dieser Arbeit übersteigen würde. Wir wollen aber einen Spezialfall näher untersuchen, für den sich die Aussage unmittelbar aus der Erkenntnis des letzten Kapitels ergibt.

4.1 Gruppen der Ordnung 2m (für m ungerade Primzahlpotenz)

Wir wissen, dass jede endliche abelsche Gruppe isomorph zu einem direkten Produkt zyklischer Gruppen mit Primzahlpotenzordnung ist. Wir betrachten endliche abelsche Gruppen $G \simeq Z_2 \times Z_m$, wobei m ungerade Primzahlpotenzordnung sei. Da G Ordnung $n = 2m$ hat, schreiben wir $G = \{0, 1, ..., n-1\}$. Ohne Einschränkung können wir die Gruppen Z_2 und Z_n als Permutationsgruppen auffassen mit

$$Z_m = \langle \alpha \rangle \text{ mit } x \mapsto \alpha(x) = x + 1 \pmod{m}$$

$$Z_2 = \langle \beta \rangle \text{ mit } x \mapsto \beta(x) = x + m \pmod{n}$$

für $x \in Z_n$. Für eine intuitivere Notation bezeichnen wir β im Folgenden nur mit m.

Wir betrachten im Folgenden Bahnen von Kanten, wie bereits in Definition 3.2 eingeführt: Die *Bahn einer Kante* $\{a, b\}$ *unter der Wirkung einer Permutationsgruppe* $\langle \alpha \rangle$ *der Ordnung n* ist die Menge

$$Orb_{\langle \alpha \rangle}(\{a, b\}) := \{\{\alpha^k(a), \alpha^k(b)\} \mid k \in \{0, 1, ..., n-1\}\}$$

Zur Konstruktion der 1-Faktoren wählen wir nun zunächst folgende Kanten des Graphen K_n:

$$S = \{\{k, m-k\} \mid k \in Z_m\}$$
$$= \left\{\{0, m\}, \{1, m-1\}, \{2, m-2\}, ..., \left\{\frac{m-1}{2}, \frac{m+1}{2}\right\}\right\}$$

Dann ist $F_0 := Orb_{\langle m \rangle}(S)$ ein 1-Faktor von K_n, denn es gilt offensichtlich

$$F_0 = \left\{ \left\{ 0, m \right\}, \left\{ 1, m-1 \right\}, ..., \left\{ \frac{m-1}{2}, \frac{m+1}{2} \right\}, \left\{ m+1, 2m-1 \right\}, ..., \left\{ \frac{3m-1}{2}, \frac{3m+1}{2} \right\} \right\}$$

F_0 enthält alle Knoten von K_n, da

$$V = \left\{ 0, 1, 2, ..., \frac{m-1}{2}, \frac{m+1}{2}, ..., m-1, m, m+1, ..., \frac{3m-1}{2}, \frac{3m+1}{2}, ..., 2m-1 \right\}$$

und jeder Knoten inzidiert mit genau einem weiteren Knoten aus V.

Betrachten wir nun

$$\alpha : Z_n \rightarrow Z_n, \quad x \mapsto \begin{cases} x+1 \pmod{m} & \text{für } 0 \leq x < m \\ x+1 \pmod{m} + m & \text{für } m \leq x \leq 2m-1 \end{cases},$$

so liefert $Orb_{\langle \alpha \rangle}(F_0)$ genau m 1-Faktoren, nämlich

$$F_i = \{\{\alpha^i(a), \alpha^i(b)\} \mid \{a, b\} \in F_0\} \text{ für alle } i \in \{1, ..., m\}$$

Dabei gilt für alle $\{a, b\} \in F_i$: $0 \leq a, b \leq m$ (falls $\{a, b\} \in S$) oder $m < a, b \leq 2m-1$ (falls $\{a, b\} \notin S$).
Die F_i werden unter der Wirkung von Z_m aufeinander und unter der Wirkung von Z_2 jeweils auf sich selbst abgebildet.

Bemerkung: Offensichtlich gilt $F_m = F_0$, wir wählen aber die Bezeichnung F_m, da dies für die weitere Notation intuitiver ist.

Da die gesuchte 1-Faktorisierung von K_n genau $n-1 = 2m-1$ 1-Faktoren enthält, müssen noch weitere $m-1$ 1-Faktoren konstruiert werden, die keine Kanten aus der Menge der bereits gefundenen 1-Faktoren enthalten. Dazu gehen wir wie folgt vor.

Die Kanten $\{0, m+1\}, \{0, m+2\}, ..., \{0, 2m-1\}$ sind in keinem F_i ($i = 1, ..., m$) enthalten, da

$$\alpha^i(x) = 0 \Leftrightarrow x + i = 0 \pmod{m} \text{ für } 0 \leq x < m$$

d.h.

$$\{0, \alpha^i(b)\} \in F_i \text{ für ein } i \in \{1, ..., m\}$$

$$\Leftrightarrow \exists \{a, b\} \in F_0, \text{ wobei } a \in \{0, 1, ..., m-1\} \text{ und } a + i = 0 \pmod{m}$$

$$\Leftrightarrow \exists \{a, b\} \in S \text{ mit } a \in \{0, 1, ..., m-1\}$$

Das ist aber nur dann erfüllt, wenn $b \leq m$.

Wir betrachten nun

$$F_{i+1} := Orb_{\langle \alpha \rangle}(\{0, i+1\}) \text{ für } i \in \{m, m+1, ..., 2m-2\}$$

$F_{m+1}, F_{m+2}, ..., F_{2m-1}$ sind 1-Faktoren, denn

$$\{\alpha^k(0) \mid k \in \{0, 1, ..., m-1\}\} = \{0, 1, ..., m-1\} \text{ und}$$
$$\{\alpha^k(i+1) \mid k \in \{0, 1, ..., m-1\}\} = \{m, m+1, ..., 2m-1\} \text{ für } i \in \{m, m+1, ..., 2m-2\}$$

Offensichtlich gilt für alle $\{a, b\} \in Orb_{\langle \alpha \rangle}(\{0, i+1\})$: $0 \leq a < m$ und $m \leq b < 2m-1$, also ist keine dieser Kanten in einem der $F_1, F_2, ..., F_m$ enthalten.

$F_{m+1}, F_{m+2}, ..., F_{2m-1}$ werden unter der Wirkung von Z_m jeweils auf sich selbst abgebildet. Außerdem sind je zwei dieser 1-Faktoren unter der Wirkung von Z_2 Bilder voneinander·

Es gilt für alle $i \in \{m, m+1, ..., 2m-2\}$:

$$\{2m-i-1, m\} \in F_{i+1},$$

denn aus $i \in \{m, ..., 2m-2\}$ folgt $2m-i-1 \in \{1, ..., m-1\}$ und es gilt

$$\alpha^{2m-i-1}(0) = 2m-i-1$$
$$\alpha^{2m-i-1}(i+1) = i+1+2m-i-1 \pmod{m} + m = m$$

Nun gilt

$$m(\{2m-i-1, m\}) = \{3m-i-1, 2m\} = \{3m-i-1, 0\},$$

wobei $3m - i - 1 \in \{m + 1, ..., 2m - 1\}$, also ist $\{0, 3m - i - 1\} \in F_{3m-i-1}$.

Analog gilt

$$m(\{0, 3m - i - 1\}) = \{m, 4m - i - 1\} = \{m, 2m - i - 1\},$$

d.h. die Kanten $\{m, 2m - i - 1\}$ und $\{0, 3m - i - 1\}$ liegen in derselben Bahn unter der Wirkung von Z_2.

Wir haben also $n-1$ 1-Faktoren $F_1, F_2, ..., F_{2m-1}$ gefunden, die eine vollständige Zerlegung der Kantenmenge von K_n darstellen. Damit ist die gesuchte 1-Faktorisierung gegeben.

4.2 Zusammenfassung

Sei G eine abelsche Gruppe der Ordnung $n = 2m$, m ungerade. Die 1-Faktorisierung $\mathcal{F} = \{F_1, ..., F_{n-1}\}$ des vollständigen Graphen K_n ist unter der Wirkung von G invariant, wobei

$$F_0 = Orb_{\langle m \rangle}(S)$$
$$F_i = \{\{\alpha^i(a), \alpha^i(b)\} \mid \{a, b\} \in F_0\} \text{ für } i \in \{1, 1, ..., m\}$$
$$F_{i+1} = Orb_{\langle \alpha \rangle}(\{0, i + 1\}) \text{ für } i \in \{m, m + 1, ..., 2m - 2\}$$

4.3 Beispiel

Wir veranschaulichen uns obige Konstruktion anhand der Gruppe $G \simeq Z_2 \times Z_3$. Mit $F_0 = \{03, 12, 45\}$ ergeben sich die 1-Faktoren

$$F_1 = \{14, 02, 35\}$$
$$F_2 = \{25, 01, 34\}$$
$$F_3 = \{03, 12, 45\}$$
$$F_4 = \{04, 15, 23\}$$
$$F_5 = \{05, 13, 24\}$$

Unter der Wirkung von Z_2 sind F_1, F_2 und F_3 invariant, F_4 und F_5 bilden eine Bahn.

Unter Z_3 liegen F_1, F_2 und F_3 in einer Bahn, während die anderen beiden 1-Faktoren invariant sind. In Abbildung 20 sind die Kanten jedes 1-Faktors jeweils in einer Farbe gefärbt.

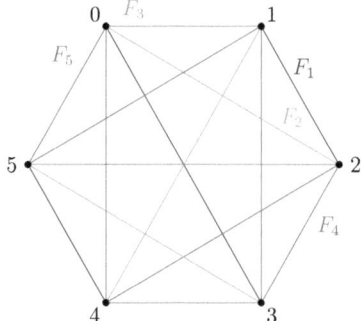

Abbildung 20: Der Graph K_6 mit seinen 1-Faktoren unter der Automorphismengruppe $G \simeq Z_2 \times Z_3$

4.4 Verallgemeinerung

Wie bereits erwähnt, lässt sich zeigen, dass jede abelsche Gruppe $G \simeq Z_n$ mit n gerade und $n \neq 2^t, t \geq 3$ eine Automorphismengruppe auf einer 1-Faktorisierung des vollständigen Graphen K_n bildet. Der Beweis von Buratti [Bur01] unterscheidet dafür insgesamt vier Fälle und soll hier nicht näher ausgeführt werden.

5 Zusammenfassung und Ausblick

In der Literatur finden sich bereits zahlreiche Arbeiten, die sich mit 1-Faktorisierungen vollständiger Graphen beschäftigen. Die Arbeit von Hartman und Rosa [HR85] hat dabei zweifelsfrei einen wichtigen Beitrag geleistet und für viele weitere Ergebnisse den Grundstein gelegt. Der dort angeführt Beweis, der in dieser Arbeit vertieft wurde, gibt eine sehr anschauliche Konstruktion zyklischer 1-Faktorisierungen an. Für abelsche Gruppen lässt sich die Aussage zu Automorphismen auf vollständigen Graphen zwar verallgemeinern, jedoch sind die dafür gefundenen Beweise, z.b. bei Buratti [Bur01], weitaus aufwändiger und weniger intuitiv. Sie bedienen sich oft zusätzlicher Konstrukte, die der Leser zunächst verstehen muss. Eine Konstruktion, die sich auf die grundlegenden (und auch in dieser Arbeit verwendeten) Begrifflichkeiten der Gruppentheorie beschränkt, wäre daher zu erarbeiten.

6 Quellenverzeichnis

[Bog02] BOGOPOLSKI, Oleg: *Introduction to Group Theory*. Moscow-Izhevsk, 2002

[Bol98] BOLLOBÁS, Béla: *Modern Graph Theory*. New York; Heidelberg, 1998

[Bur01] BURATTI, Marco: Abelian 1-Facorizations fo the Complete Graph. In: *European Jorunal of Combinatorics* 22 (2001), S. 291–295

[GR01] GODSIL, Chris ; ROYLE, Gordon: *Algebraic Graph Theory*. New York, Berlin, Heidelberg, 2001

[HR85] HARTMAN, Alan ; ROSA, Alexander: Cyclic One-Factorization of the Complete Graph. In: *European Jorunal of Combinatorics* 6 (1985), Nr. 1, S. 45–48

[R.D06] R.DIESTEL: *Graphentheorie*. 3. Berlin; Heidelberg, 2006

[Tit11] TITTMANN, Peter: *Graphentheorie: Eine anwendungsorientierte Einführung*. 2. München, 2011